上海市工程建设规范

房屋修缮工程术语标准

Standard for terminology of building renovation engineering

DG/TJ 08-2288-2019
J 14922-2019

主编单位:上海市房地产科学研究院
批准部门:上海市住房和城乡建设管理委员会
施行日期:2020 年 2 月 1 日

同济大学出版社

2020 上海

图书在版编目(CIP)数据

房屋修缮工程术语标准/上海市房地产科学研究院
主编.--上海:同济大学出版社,2020.5
ISBN 978-7-5608-9210-8

Ⅰ.①房… Ⅱ.①上… Ⅲ.①房屋－修缮加固－名词
术语－标准－上海 Ⅳ.①TU746.3-61

中国版本图书馆 CIP 数据核字(2020)第 044557 号

房屋修缮工程术语标准

上海市房地产科学研究院 主编

策划编辑 张平官
责任编辑 朱 勇
责任校对 徐春莲
封面设计 陈益平
出版发行 同济大学出版社 www.tongjipress.com.cn
       (地址:上海市四平路1239号 邮编:200092 电话:021－65985622)
经 销 全国各地新华书店
印 刷 浦江求真印务有限公司
开 本 889mm×1194mm 1/32
印 张 2.25
字 数 60000
版 次 2020年5月第1版 2020年5月第1次印刷
书 号 ISBN 978-7-5608-9210-8
定 价 20.00元

上海市住房和城乡建设管理委员会文件

沪建标定〔2019〕626 号

上海市住房和城乡建设管理委员会
关于批准《房屋修缮工程术语标准》
为上海市工程建设规范的通知

各有关单位：

由上海市房地产科学研究院主编的《房屋修缮工程术语标准》，经我委审核，现批准为上海市工程建设规范，统一编号 DG/TJ 08－2288－2019，自 2020 年 2 月 1 日起实施。

本规范由上海市住房和城乡建设管理委员会负责管理，上海市房地产科学研究院负责解释。

特此通知。

上海市住房和城乡建设管理委员会
二〇一九年十月十五日

前　言

　　根据上海市城乡建设和管理委员会《关于印发〈2014 年上海市工程建设规范编制计划〉的通知》(沪建交〔2013〕1260 号)的要求,由上海市房地产科学研究院会同有关单位进行了广泛的调查研究,认真总结实践经验,参照国内外相关标准和规范,并在反复征求意见的基础上,制定本标准。

　　本标准的主要内容有:总则;基本术语;砌筑工程;木结构工程;屋面工程;粉刷工程;楼地面工程;门窗工程、细木工程;涂饰工程;电气工程;水卫工程;沟路工程。

　　各单位及相关人员在执行本标准时,请将有关意见和建议反馈给上海市房地产科学研究院(地址:上海市复兴西路 193 号;邮编:200031),或上海市建筑建材业市场管理总站(地址:上海市小木桥路 683 号;邮编:200032;E-mail:bzglk@zjw.sh.gov.cn),以供修订时参考。

主 编 单 位: 上海市房地产科学研究院

参 编 单 位: 上海建筑装饰(集团)有限公司

　　　　　　　上海建工四建集团有限公司

　　　　　　　南房(集团)有限公司

　　　　　　　上海海珠建筑工程设计有限公司

　　　　　　　上海沪巢建筑装饰工程有限公司

主要起草人员: 王金强　刘群星　代红超　周　俊　沈惠成

　　　　　　　张　习　暴智浩　余观湧　孙　杰　刘震宇

　　　　　　　陈传胜　潘建国　吴　涛　李改平　纪振鹏

　　　　　　　忻剑春　许小满

主要审查人员：林　驹　陈伟东　张振亚　陈中伟　章锡定
　　　　　　　朱爱平

上海市建筑建材业市场管理总站

2019 年 10 月

目　次

Contents

1 总　则

1.0.1　为了指导和促进本市房屋修缮工程的行业发展和技术进步,并为房屋管理、工程实践及相关科研提供技术基础,制定本标准。

1.0.2　本标准适用于本市行政区域内房屋修缮工程。

1.0.3　房屋修缮工程中的术语,除应符合本标准的规定外,尚应符合现行国家标准《民用建筑设计术语标准》GB/T 50504 与现行行业标准《房地产业基本术语标准》JGJ/T 30 等标准的规定。

2 基本术语

2.0.1 修缮 repairing

为保持和恢复既有房屋的完好状态,以及提高其使用功能,进行维护、维修、改造的各种行为。

2.0.2 查勘 examination

房屋修缮之前,对房屋损坏部位、项目及程度进行的检查、勘测,并确定修缮范围、方法和工程计量的工作。

2.0.3 小修 scattered repairing

及时修复小损小坏,保持房屋完好状态的维护工程。

2.0.4 中修 partial maintenance

房屋部分项目已经损坏或影响正常使用,需要进行局部维修或单项目维修(不涉及结构修复)的修缮工程。

2.0.5 大修 overhauling

房屋结构或装饰部分已严重损坏,需拆换、加固部分主体构件,更新设备管线,但不需全部拆除的修缮工程。

2.0.6 拆落地大修 superstructure reconstruction

房屋原基础基本保留,上部结构拆除后重建的工程。

2.0.7 翻修 rebuilding

房屋已经失去了修缮价值,主体结构全部或大部分严重损坏,其房屋需要全部拆除,另行设计、重新建造的工程。

2.0.8 改造 renovation

对既有房屋采用改变建筑空间布局、外扩面积、改变结构承重体系、拆换更新设备设施、整治外立面等方式,使房屋建筑空间、结构体系、使用功能得到明显改善的修缮方式。

2.0.9 成套改造 renovation for add kitchen and bathroom

对规划需要保留,厨房、卫生间不成套旧住房,通过调整平面和空间布局、拆除重建等改造方式,增添和改善厨卫设施,完善房屋成套使用功能的综合改造方式。

2.0.10 厨卫综合改造 renovation of kitchen and bathroom

对未列入征收或旧区改造范围的、安全和使用矛盾突出,以里弄房屋为主的不成套旧住房,重点完成厨卫设施改造、完善厨卫功能的综合改造方式。

2.0.11 屋面及相关设施改造 renovation of roof and related facilities

对规划保留的旧住房(以多层住宅为主),重点改善房屋设施、消除安全隐患,并进行屋面、电气设施、给排水设施,及小区其他附属设施等项目的综合改造方式。

2.0.12 平改坡工程 flat-to-sloping roof conversion

在建筑结构许可条件下,将房屋平屋面改建成坡屋顶,达到改善住宅性能和建筑物外观视觉效果的房屋修缮工程。

2.0.13 二次供水改造 rebuilding of secondary water supply system

对居民住宅小区内的供水水箱、水池、管道、阀门、水泵、计量器具及其附属设施等进行的更新改造。

2.0.14 花园住宅 villa

四面或三面临空,一般附有一定花园空地,具有成幢独用住宅形态的独立式或和合式低层住宅。

2.0.15 公寓 apartment

具有分层住宅形态,各个独立居住单元均有室号及专门出入,原始设计有客厅、卧室、卫生间、厨房,或兼有餐厅、阳台、冷暖设备、电梯设备的住宅。

2.0.16 新里 new-style Lilong housing

即"新式里弄",结构装修较好,具有卫生设备或兼有小花园、矮围墙、阳台等设施的联接式住宅。

2.0.17 旧里 old-style Lilong housing

即"旧式里弄",联接式的广式或石库门砖木结构,设备简陋,屋外空地狭窄,一般无卫生设备的住宅。

2.0.18 新工房 new-style staff apartment

中华人民共和国成立后建造的,各有室号及专门出入,有独用或公用的厨房、卫生间、阳台等的多层或高层住宅。

2.0.19 联列住宅 townhouse

多单元(三个或三个以上)联列的,具有分单元住宅形态,各有门牌号及专门出入,成单元独用的联接式低层住宅。

2.0.20 简屋 shanty

供居住用的,标准低的,即瓦屋面、木屋架、砖墙身三项条件中,至少有一项未能符合要求的简陋房屋、临时房屋。

2.0.21 农村住宅 rural house

在本市集体土地上依法个人自建或集体建造的住宅。

2.0.22 天井 dooryard

里弄房屋中四周为客堂、灶间、厢房或围墙围合而成的空地。

2.0.23 前天井 front dooryard

里弄房屋主体建筑正面入口的露天空地。

2.0.24 后天井 back dooryard

里弄房屋主体建筑背面的露天空地。

2.0.25 客堂 sitting room

里弄房屋底层正对天井,原用于接待访客、洽谈事务的房间。

2.0.26 厢房 wing house

里弄房屋中位于次要开间的房间,位于客堂或前楼两侧,根据所处位置又分东、西厢房和前、中、后厢房。

2.0.27 灶间 kitchen

里弄房屋中的厨房,一般位于底层客堂背面,有小门通道通往后天井。

2.0.28 前楼 front part of second floor

里弄房屋中主要开间二层正面、位于前客堂上方的房间。

2.0.29 后楼 back part of second floor

里弄房屋中主要开间二层中部、位于前楼与楼梯间之间的房间。

2.0.30 二层阁 skip floor parlor

里弄房屋中利用楼板下、客堂之上富余的层高空间分隔出来的空间,一般用于储藏之用,住房条件紧张时也用于临时居住。

2.0.31 亭子间 pavilion room

里弄房屋中位于灶间之上、晒台之下的房屋空间,原设计用作堆放杂物,或者供用人居住。

2.0.32 晒台 balcony

里弄房屋中,亭子间之上的露台,一般作晒物晾衣、日常活动之用。

2.0.33 晒搭 the cabin on the balcony

即"晒台搭建",里弄房屋中利用晒台上的空间搭建的房间。

2.0.34 三层阁 attic

里弄房屋中利用坡屋顶下三角空间搭建楼板分隔出来的空间,根据所处位置不同,分为前、后三层阁。

2.0.35 过街楼 elevated part

在里弄的总弄或支弄之间,为了增加面积,利用二层以上的两幢相邻房屋的山墙,按正屋深度加设的、楼下供人通行的架空房间。

3 砌筑工程

3.1 基本名词

3.1.1 清水碎砖垫层

以粒径较大的碎砖(粒径 4cm～6cm)为主要材料,不进行浆料填充、分层铺设的,经过夯实而成的垫层。

3.1.2 清水道渣垫层

以粒径较大的碎石(粒径 4cm～6cm)为主要材料,不进行浆料填充、分层铺设的,经过夯实而成的垫层。

3.1.3 三合土垫层

以碎砖、黄土、石灰三种材料,进行浆料填充、经过夯实而成的垫层。

3.1.4 素混凝土垫层

不布设钢筋,仅以混凝土为材料铺设的垫层。

3.1.5 砖砌大放脚

断面成阶梯状逐层放宽、将墙的荷载分散传递到地基上的砖基础。

3.1.6 地垄墙

房屋底层空铺木地板下,使地搁栅增加支撑点和减小跨度、以减少搁栅挠度和缩小材料断面的承重矮墙。

3.1.7 礩皮石

里弄房屋或古建筑中,承载上部木屋架荷载的、在最下方作为基础填埋的、与地坪持平的方石。

3.1.8 鼓磴

里弄房屋或古建筑中,木柱底与礩皮石间的、具有防潮与装饰作用的石础。

3.1.9　防潮层

即"避潮层",为防止地面以下土壤中的水分进入砖墙而设置的材料层。

3.1.10　避潮层

即"防潮层"。

3.1.11　混水墙

砌筑完后整体抹灰的砌体墙面。

3.1.12　清水墙

外墙面砌成后,只需要勾缝,即成为成品,不需要外墙面装饰的砌体墙面。

3.1.13　(清水墙)平缝

清水墙中,与砖砌墙面齐平的灰缝。

3.1.14　(清水墙)斜缝

清水墙中,灰缝的上口压进墙面 3mm～4mm,下口与墙面平齐,使其成为斜面向上的灰缝。

3.1.15　(清水墙)凹缝

清水墙中,凹进砖砌墙面的灰缝。

3.1.16　(清水墙)凸缝

清水墙中,凸出砖砌墙面的灰缝。

3.1.17　(清水墙)元宝缝

清水墙中,凸出砖砌墙面,截面呈圆弧形的灰缝。

3.1.18　山墙

建筑中起承重作用的横墙,包括内山墙和外山墙。

3.1.19　风火墙

即"封火墙",联排式房屋中高出屋面的墙体,起到阻止火势向旁边蔓延作用的内山墙。

3.1.20　马头墙

联排式房屋中高于两山墙屋面的山墙形式。因其形似马头,故称"马头墙"。

3.1.21 空斗墙

采用砖平砌和侧砌两种砌筑方法交替砌筑而成的、中间部分空心的墙体。

3.1.22 眠砖

空斗墙中平砌的砖。

3.1.23 斗砖

空斗墙中侧立砌筑的砖。

3.1.24 窗肚墙

在建筑外墙中位于窗洞下方的墙体。

3.1.25 窗间墙

水平向两窗洞之间的墙体。

3.1.26 构造柱

在砌体房屋墙体的规定部位,按构造配筋,并按先砌墙后浇柱的施工顺序制成的混凝土柱,可以提高房屋抗震性能,通常称为"混凝土构造柱",简称"构造柱"。

3.1.27 护角石

在建筑外墙阳角根部,用于保护墙体的石作。

3.1.28 钢筋砖过梁

在砌筑砖墙时中间夹钢筋,在孔洞上方的砌体与钢筋构成的过梁。

3.1.29 砖拱

在门窗等洞口上方,(砖砌的、利用砌体组成的拱券来)承受上部竖向荷载的砖砌拱,立面形式包括平拱和圆弧拱。

3.1.30 (砖)发券

砌体结构中的拱。

3.1.31 砖旋

即"砖券",建筑门窗洞口上部或周边用砖砌筑出来的造型。

3.1.32 台口线

在建筑外立面上的腰线之间,或在窗口上、下檐及阳台板远端粉出或砌出的水平装饰线条。

3.1.33 腰线

建筑外墙面上,在楼层位置或墙体变截面部位砌出的一道通长的水平装饰线。

3.1.34 山花

外山墙外侧顶部的花饰。

3.1.35 彩牌(头子)

硬山式建筑山墙及风火墙两端檐柱、墙柱以外、用以承载出檐墙与屋面的荷载,北方称为"墀头"。

3.1.36 烟囱冒头

砖砌烟囱顶部局部凸出的兼具防水和装饰作用的构造。

3.1.37 桁枕

即"桁条垫头",是砌筑在墙内搁置桁条的构件,用于每排房屋两侧山墙及不出顶的承重墙,使桁条不伸入防火墙,以防火灾蔓延。

3.2 材　料

3.2.1 统一砖

即"九五砖""标准砖",黏土烧结而成,尺寸规格为 $240mm \times 115mm \times 53mm$ 的建筑用砖。

3.2.2 八五砖

黏土烧结而成,尺寸规格多为 $216mm \times 105mm \times 43mm$、$220mm \times 105mm \times 43mm$、$200mm \times 105mm \times 43mm$ 的建筑用砖。

3.2.3 黄道砖

用于立帖柱间分隔空间的黏土烧结而成的小砖,常用尺寸规格多为 $150mm \times 80mm \times 22mm$。

3.2.4 烂泥石灰

由石灰和泥拌和而成的,在砌墙时用于固结块材的建筑材料。

3.3 工 艺

3.3.1 拆砌

对于损坏严重的整面或部分既有砖石墙体,由上向下逐层拆除清理后,重新进行砌筑的做法。

3.3.2 新砌

在原来没有砖墙的地方进行砌筑。

3.3.3 挖砌

将损坏墙体局部挖空后,重新砌筑挖空部分墙体的做法。

3.3.4 镶砌

将砌体孔洞用砌块砌筑封堵的做法。

3.3.5 一顺一丁(砌法)

一层砌顺砖、一层砌丁砖,相间排列、重复组合的砌体砌筑方法。

3.3.6 砂包式(砌法)

即"十字式"或"梅花式(梅花丁)"砌法,在同一皮砖层内一块顺砖一块丁砖间隔砌筑(转角处不受此限),上下两皮砖间竖缝错开 1/4 砖长,丁砖在四块顺砖中间形成梅花形的砌体砌筑方法。

3.3.7 梅花丁(砌法)

即"砂包式(砌法)"。

3.3.8 一斗一皮

在空斗墙砌筑过程中,每隔一皮斗砖(侧砌的砖)砌筑一皮眠砖(平砌的砖)的砌筑方法。

3.3.9 二斗一皮

在空斗墙砌筑过程中,每隔二皮斗砖(侧砌的砖)砌筑一皮眠砖(平砌的砖)的砌筑方法。

3.3.10 斩粉

将墙面损坏的粉刷层斩除后重新粉刷的做法。

3.3.11 拆砌粉

在拆砌的墙体等表面新做粉刷。

3.3.12 新砌粉

在新砌、新做的各类墙体表面新做粉刷。

3.3.13 砌粉

斩粉、拆砌粉、新砌粉的统称。

3.3.14 刨砌

先在块材上刨好花饰,再进行砌筑的清水墙花饰做法。

3.3.15 砌刨

先进行砌筑,再在砌筑好的墙体上刨花饰的清水墙花饰做法。

4 木结构工程

4.1 基本名词

4.1.1 立帖构架

即"穿斗式木结构",由木柱直接承受竖向荷载、木梁主要起到联系木柱增强稳定作用的木结构构架。

4.1.2 五柱落地

由落地、成排的五根木柱和木梁组成,由木柱直接承檩的立帖构架。

4.1.3 中柱

在木构架中,位于正中屋脊线位置的木柱。

4.1.4 金柱

在木构架中,位于檐柱内侧且相邻的木柱。

4.1.5 步柱

即"金柱"。

4.1.6 檐柱

在木构架中,檐下最外一列支承屋檐的木柱。

4.1.7 廊柱

在木构架中,位于廊下前列,用于支承廊檐的木柱。

4.1.8 矮囡

即"童柱",木构架中下端不落地、立在梁架上的矮柱。

4.1.9 百灵柱

木阳台上用于支承阳台屋面荷载的两根木立柱。

4.1.10 廊穿

即"廊川"或"二架梁",在立帖木构架中,位于廊柱和步柱之间的梁。

4.1.11 进深大料

在立帖木构架中,位于前后檐柱之间的通长大梁,是木楼面的传力构件。

4.1.12 中桁

即"脊桁",位于正脊处(中柱上方),连接两榀木构架、承受屋面荷载的桁条。

4.1.13 步桁

位于步柱中心线上方,连接两榀木构架、承受屋面荷载的桁条。

4.1.14 檐桁

位于檐柱中心线上方,连接两榀木构架、承受屋面荷载的桁条。

4.1.15 廊桁

位于廊柱中心线上方,连接两榀木构架、承受屋面荷载的桁条。

4.1.16 沿缘木

位于楼盖位置的墙体里面,沿墙体水平轴线方向放置的,用于搁置楼面搁栅的方木。

4.1.17 牵杠

即"穿柱搁栅",在立帖木构架中,当采用柱对搁栅进行支撑时,固定在柱上,用于支承楼面搁栅荷载的水平木梁。

4.1.18 台型木

即"托肩",立帖木构架中,固定在柱头侧部,用于托住牵杠的木构件。

4.1.19 楼搁栅

在木楼盖中,用于支撑楼板,将荷载传递给承重墙或立帖构架的木构件。

4.1.20　架空地搁栅

支撑在地垄墙上、用于底层架空地板,便于通风的木搁栅。

4.1.21　剪刀撑

在楼板搁栅间,成对交叉放置,用于增强搁栅侧向稳定性的木条。因形似张开的剪刀,故名"剪刀撑"。

4.1.22　人字木屋架

由上弦(人字木)、下弦(天平大料)及腹杆等木构件组成的用于屋顶结构的三角形桁架。

4.1.23　人字钢木屋架

受压杆件(如上弦杆及斜杆)采用木材制作,受拉杆件(如下弦杆及拉杆)采用钢材制作,下弦杆采用圆钢或型钢材料的三角形桁架。

4.1.24　上弦

即"人字木",在人字屋架里,从支座到屋架顶点的两根斜放的受压构件。

4.1.25　下弦

即"天平大料",在屋架里,两头支座间的一根水平受拉构件。

4.1.26　腹杆

在人字屋架里,上弦和下弦当中,直立或斜放的构件。

4.1.27　鸭嘴巴

屋架端节点处上弦端部所做的齿榫部位。

4.1.28　保险螺栓

即"斜撬螺栓",在屋架端节点处,贯穿上下弦、并与上弦轴线垂直的,用于防止端节点剪坏而导致屋架突然坍塌的螺栓。

4.1.29　蚂蟥搭

即"蚂蟥钉",木结构中用于加固节点连接的,形状为"Π"形的铁质结构配件。

4.1.30　单齿连接

支座处上、下弦交接,在下弦挖一个槽与上弦榫接,仅通过一

个槽齿把上弦传递下的压力传给下弦再传至支座的木结构连接
方式。

4.1.31 双齿连接

支座上、下弦交接处,通过两个槽齿把上弦传递下的压力传
给下弦再传至支座的木结构连接方式。

4.1.32 板条平顶

采用木板条钉成片,或秸秆编成帘子,然后固定在房屋内部
的桁条、椽子或搁栅上,起遮挡作用的平顶。

4.1.33 椽子平顶

通过在椽子底面钉板条、纤维板、三夹板、石膏板等饰面材料
形成的平顶。

4.1.34 老虫(鼠)平顶

直接固定在坡屋面椽子或桁条下方的斜平顶。

4.1.35 搁栅平顶

通过在搁栅底面钉板条、纤维板、三夹板、石膏板等饰面材料
形成的平顶。

4.1.36 桁条平顶

通过在桁条底面钉板条、纤维板、三夹板、石膏板等饰面材料
形成的平顶。

4.1.37 闷筋式梯段

踏步嵌于扶梯基上、从扶梯基的外侧面看不到踏步的梯段。

4.1.38 扶梯筋

即"扶梯基",楼梯梯段范围内,用于支承踏步的斜梁。

4.1.39 千斤搁栅

在木楼面中,横向布置的、用于支承楼梯斜梁等构件的平台
搁栅。

4.1.40 伏汤头

在木楼面中,纵向布置的、搁置在千金搁栅上的平台搁栅。

4.1.41 踏板

即"楼梯踏步板",搁置在梯段斜梁三角木上面水平放置的、用于踩踏的长条形板材。

4.1.42 踢板

即"楼梯踢脚板",踏步中与踏步板垂直的长条形板材。

4.1.43 三角木

钉在楼梯梁上、用以固定踏步板和踢脚板的三角形木块。

4.1.44 扶手弯头

楼梯扶手的转接部分。

4.1.45 扶手柱

在扶手起步或上下连接处设置的木方柱。

4.2 材 料

4.2.1 硬木

质地细致、材质坚硬的木材,如柳桉、水曲柳、檀木等。

4.2.2 松木

由针叶植物(如白松、美松、红松等)的树干制成的材料。

4.2.3 洋松

进口松木。

4.2.4 美松

北美产的松木。

4.2.5 柳桉

产于东南亚的、质地坚硬的木材,如红柳桉、白柳桉、黄柳桉等。

4.2.6 水曲柳

材质坚韧、纹理美观、木质结构粗的硬杂木材料。

4.3　工　艺

4.3.1　牮正

立帖构架修缮中,在不落架的情况下对木结构的歪闪、倾斜、局部下沉、个别构件糟朽等情况进行校正、复位的做法。

4.3.2　牮平(楼板搁栅)

通过增设支撑、增加垫块等方式对搁栅、楼板进行修缮,使楼面平正的做法。

4.3.3　拆摆

将原木构件拆卸后重新安装的做法。

4.3.4　新摆

制作并安装木构件,入墙部分刷防腐油的做法。

4.3.5　调换(木桁条)

对已不胜载荷的、有结构隐患的,并且有较大挠度和裂缝的桁条进行更换的做法。

4.3.6　刨光

用刀具刮擦使木构件表面光滑或干净的处理方法。

4.3.7　不刨光

不进行表面光滑或干净处理,保持木构件表面原有状态的处理方法。

5 屋面工程

5.1 基本名词

5.1.1 悬山顶

即"挑山",屋面檐部挑出山墙的屋顶。

5.1.2 硬山顶

屋面檐部不挑出山墙的屋顶。

5.1.3 出山顶

山墙超出屋面,起防火或装饰作用的屋顶。

5.1.4 孟沙式屋面

法式风格的双折坡屋面。

5.1.5 屋脊

沿着屋面转折处或屋面与墙面、梁架相交处,用瓦、砖、灰等材料做成,兼有防水和装饰两种作用的砌筑物。

5.1.6 正脊

坡顶房屋中部、沿桁檩方向、屋顶最高处的屋脊。

5.1.7 戗脊

即"金刚戗脊",俗称"岔脊",歇山屋面上与垂脊相交的脊。

5.1.8 鳗鱼脊

即"和尚脊",多层中瓦叠放后,再外粉成半圆形的屋脊形式,一般用于中瓦屋面上。

5.1.9 刺毛脊

中瓦竖放,上铺望板砖,然后顶部粉刷(侧面不粉)后形成的屋脊形式。

5.1.10 天沟

屋面与屋面或墙面交界处水平向排水沟槽。

5.1.11 斜沟

两个相折的坡屋面交接处的用于排水的斜沟槽。

5.1.12 顺水条

平瓦或筒瓦屋面上,位于挂瓦条下方,用于固定防水卷材、连接挂瓦条的顺水方向板条。

5.1.13 挂瓦条

即"格椽",固定在顺水条上方,用于固定屋面瓦片的水平向板条。

5.1.14 蟹钳瓦

坡屋面斜沟的中瓦屋面收头处,垫在盖瓦下面,形状如蟹钳的瓦片。

5.1.15 底瓦

中瓦或筒瓦屋面中凹面朝上布置的瓦片。

5.1.16 盖瓦

中瓦或筒瓦屋面中凹面朝下布置的瓦片。

5.1.17 泛水

用来遮盖屋面与垂直面之间缝隙、防止雨水漏入室内的防水处理构造。

5.1.18 铁皮落底泛水

当屋面上大下小、导致山墙檐口的夹角大于直角时,在山墙处铺钉底板及椽条,然后铺盖预制的白铁的防水做法。

5.1.19 铁皮靠墙泛水

白铁皮一端嵌钉在靠墙的木嵌条上,再用水泥、石灰、砂混合砂浆粉牢,使白铁皮的另一端至少盖没半张瓦形成的防水做法。

5.1.20 铁皮踏步泛水

平瓦屋面与垂直墙面相交处,在每张瓦片口盖上一张白铁做的、呈踏步形的防水做法。

5.1.21 挑出泛水

在高出屋面二到三皮砖的地方，将砖挑出 1/4 砖长，用水泥、石灰、砂混合砂浆粉平，然后在下面做粉刷的防水做法。

5.1.22 岸塘泛水

在风火墙与坡屋面顶部交接处，采用砖砌一到二皮砖砌筑的防水做法。

5.1.23 靠墙泛水

屋面靠近山墙部位的防水做法，包括靠墙中瓦泛水、靠墙白铁泛水、靠墙粉泛水三种类型。

5.1.24 靠墙中瓦泛水

在中瓦屋面的山墙（或封火墙）与屋面相交处，先铺 1：3 石灰煤屑或黄沙砂浆，然后上铺中瓦（一般为一搭二），瓦侧与墙面接触处用 1：1：6 水泥、石灰、砂浆粉刷的防水做法。

5.1.25 天沟泛水

在屋面天沟部位所做的防水做法。

5.1.26 天窗泛水

屋面在靠近天窗部位所做的防水做法。

5.1.27 烟囱泛水

屋面在靠近烟囱部位所做的防水做法。

5.1.28 压顶

露天的墙顶上用砖、瓦、石料、混凝土、钢筋混凝土、镀锌铁皮等筑成的覆盖层。

5.1.29 压顶出线

在压顶顶面和侧面，采用水泥、砂浆等材料粉出的，起装饰、防水、防火等作用的装饰构造。

5.1.30 瓦楞出线

硬山或悬山屋盖的屋面平瓦瓦片与山墙收头处，粉出的用于防止瓦片和山墙交接处渗漏水的装饰线条。

5.1.31 襄衣楞出线

硬山屋盖的中瓦屋面与山墙相交处(即瓦片收头处),使用两楞盖瓦挑出山墙、防止雨水进入室内或墙体的线条。

5.1.32 雨棚

安装在建筑物(如门、窗)顶部用以遮挡阳光、雨、雪的覆盖物,材料有帆布、树脂、塑料、铝复合材料等。

5.1.33 封檐板

在檐口外侧的挑檐处钉置的水平木板,使檐条端部和望板免受雨水的侵袭,也增加建筑物的美感。

5.1.34 封山板

即"博风板",在檩条顶端钉置的水平木板,起到遮挡桁(檩)头和美观装饰的作用。

5.1.35 老虎窗

坡屋面上开设的突出屋面兼有通风和采光功能的窗户。

5.1.36 撑窗

置于坡屋面上,用于采光通风的可以通过撑棒向外开启的窗户。

5.1.37 天窗

安装于屋顶,能够有效地使屋内空气流通,增加新鲜空气的进入,增加采光的窗户。

5.1.38 呆天窗

固定于屋面上仅用于采光,不能开启的窗户。

5.1.39 横水落

位于屋面檐口外侧,水平设置的、用于集中屋面雨水的沟槽。

5.1.40 水斗

雨水管上端用于承接屋面雨水(排水管的排水)的漏斗形配件。

5.1.41 落水

即"雨水管",又称"落水管"。

5.1.42　摇手弯

连接横水落与水斗或落水管的弯头。

5.1.43　狗食钵

置于亭子间屋面顶部,用石材或钢筋混凝土制作的水平排水构件。

5.1.44　坐墙水落

固定在墙体顶部的横水落。

5.1.45　天沟落水

沿天沟方向的水平排水设施。

5.2　材　料

5.2.1　平瓦

即"机制平瓦",采用机器制造、以黏土为原料烧结而成的平板式的瓦片。

5.2.2　中瓦

即"小青瓦",采用黏土烧制而成,圆弧形、黑灰色,大小一般为 200mm×(180mm～220mm)的瓦片。

5.2.3　筒瓦

黏土烧制,断面弧形或半圆形,两端大小相同的红色瓦片,较多使用在西班牙式建筑屋面中。

5.2.4　脊瓦

覆盖屋脊,并与屋脊两边斜屋面上的瓦相搭接的、用来防水止漏、御风固顶的槽形瓦。

5.2.5　瓦固头

中瓦屋面檐口部位,置放在瓦垄上勾头位置的装饰部件。

5.2.6　望板砖

即"望砖",平铺在屋顶椽子上面的薄砖。

5.3 工 艺

5.3.1 改做(屋面)

拆除原屋面,改做新屋面系统的做法。

5.3.2 翻做(屋面)

拆除原屋面,做成原来一样的屋面系统的做法。

5.3.3 检修(屋面)

检查并局部修理屋面的做法。

5.3.4 (瓦)卸落地

把屋面瓦片拆卸至地面的修缮方式。

5.3.5 粉瓦头

即"花边",在翻做中瓦屋面工程中,屋面檐口不做横落水时,为了达到檐口瓦头美观,在檐口用纸筋、石灰等材料进行窝实粉平(粉瓦固头)的做法。

5.3.6 新铺(屋面板)

在原先没有屋面板的屋顶上铺屋面板。

5.3.7 拆换(屋面板)

拆除原屋面板,换新屋面板。

5.3.8 拆铺(屋面板)

拆除原屋面板,并利用原材料重铺屋面板。

5.3.9 检修(屋面板)

检查并局部加钉屋面板。

5.3.10 楞摊瓦

无屋面板或望板砖,把瓦片直接搁置在格椽条(或椽子)上的屋面做法。

5.3.11 粉压顶(浇背)

在压顶顶面用水泥砂浆刮糙、粉出的弧形(中间高、两侧低)线条的做法。

5.3.12 包檐（女儿墙）

檐墙檐口上部砌筑压檐墙，将檐口包住的做法。

5.3.13 樽楞

利用碎瓦等材料在底瓦下填塞、垫实，使底瓦保持平稳的固定措施。

5.3.14 窝实

即"中瓦坐灰"，坡度在 30°以上的屋面中，为保证底瓦、盖瓦稳固，选用石灰胶泥对瓦片加固的措施。

5.3.15 出楞做脊

中瓦屋面中先对中瓦拍楞后再做屋脊的做法。

5.3.16 （平瓦）吊铜丝

坡度在 30°以上的平瓦屋面，为防止平瓦松落滑移，对其进行铜丝吊挂的技术措施。

6 粉刷工程

6.1 基本名词

6.1.1 干粘石

在墙面刮糙的基层上抹上水泥浆,撒石子并用工具将石子压入水泥浆里而做出的饰面层,多用卵石作为石子。

6.1.2 水刷石

即"汰石子",用水泥、石屑、小石子或颜料等加水拌和,抹在建筑物的表面,半凝固后,用硬毛刷蘸水刷去表面的水泥浆而使石屑或小石子半露的人造石料的饰面层。

6.1.3 磨石子

即"水磨石",大理石和花岗岩或石灰石碎片混入水泥混合物中,经用水磨平表面的饰面层。

6.1.4 斩假石

即"剁斧石",将掺入石屑及石粉的水泥砂浆涂抹在建筑物表面,在硬化后,用斩凿方法使其成为有纹路石面样式的饰面层。

6.1.5 台度

即"墙裙",在建筑墙面底部上距地一定高度范围之内用水泥、装饰面板、木线条等材料包覆墙面的饰面层。

6.1.6 勒脚

建筑物的外墙与室外地面或散水的接触部位采用水泥砂浆或其他材料对墙面进行加厚,用于保护墙角和装饰墙面的装饰层。

6.1.7 板条墙

在木材立筋上钉稀板条、外粉砂浆后形成的分隔墙。

6.1.8 钢丝网(或钢板网)板条墙

在木材立筋上先钉稀板条,再加钉钢丝网(或钢板网)并做粉刷的分隔墙。

6.2 材 料

6.2.1 面砖

贴在建筑物表面的饰面砖。

6.2.2 瓷砖

以耐火的金属氧化物及半金属氧化物,经由研磨、混合、压制、施釉、烧结等过程,而形成的耐酸碱的瓷质或石质的建筑或装饰材料。

6.2.3 泰山砖

采用陶土烧制而成、尺寸如砖的外墙装饰面砖。因由上海泰山耐火砖厂研制出来,故称为"泰山砖"。

6.2.4 马赛克

建筑上用于拼成各种装饰图案用的片状小瓷砖。

6.2.5 柴泥石灰

由石灰膏、泥及起拉结作用的柴草拌和而成的粉刷材料。

6.2.6 纸筋石灰

由石灰与稻草拌合,经熟化后而成的,用于内墙或平顶粉刷的刮糙或罩面的饰面材料。

6.2.7 衬光灰

将纸筋石灰用铁板重复直插,使纸筋灰的纸筋沉底,上部形成的,主要用于纸筋石灰墙面饰面的细腻浆料。

6.3 工 艺

6.3.1 (石材面)出新

通过打磨、擦洗、白蜡上光等方法,使石材表面呈现光泽、纹理等新面的石材面修缮方法。

6.3.2　(清水墙)全补全嵌

对风化、疏松、剥落的清水墙砖面和灰缝,进行全面修补砖面、填嵌灰缝残缺的修理方法。

6.3.3　(清水墙)局部补嵌

仅对局部损坏的清水墙墙面和砖缝进行填嵌修补的修理方法。

6.3.4　(清水墙)嵌缝

采用与原墙面灰缝相同或相近的材料,对清水墙面残损的灰缝进行修补、复原的做法。

6.3.5　(清水墙)原浆勾缝

清水墙砌筑时,随砌随勾缝,不另做勾缝的做法。

6.3.6　(清水墙)砖面修补

采用砖片或者砖粉对残损的清水墙砖面进行替换、修补、复原的做法。

6.3.7　粉底层

即"刮糙",墙面抹灰施工时,对基层进行的第一道抹灰工序。

6.3.8　粉面层

刮糙后,对墙面进行粉刷饰面的工序。

6.3.9　出柱头

即"小拓饼",拉镜线、挂直、做灰饼和灰梗子等,达到墙面粉刷平整的做法。

6.3.10　拉毛

用水泥浆,采用棕刷等工具在墙面拉拔,形成毛面装饰效果的墙面做法。

7 楼地面工程

7.1 基本名词

7.1.1 水磨石地面

将碎石颗粒掺入水泥混合物中,经用机械加水湿润反复磨去表面突出碎石至平滑的地面。

7.1.2 夹砂楼板

在里弄房屋中,以木搁栅木板支撑的,用煤屑、石灰、砂子浇筑形成的楼板,用于部分代替混凝土楼板。

7.1.3 木地面

在地面上铺木搁栅,在其上做木地板的地面做法。

7.1.4 红缸砖地面

在地面上做素混凝土垫层后,再铺红缸砖的地面做法。

7.1.5 金刚砂防滑条

为提高楼梯踏步口耐磨度和防滑性能,在水泥等建筑材料中混入金刚砂制成的防滑条。

7.1.6 马赛克防滑条

用马赛克作为防滑材料的防滑条。

7.1.7 踢脚线

即"脚踢板""地脚线",安装在室内墙面、柱面根部,采用木或塑料等材料制成的、起保护和装饰作用的带状构造。

7.1.8 凸角线

安装在踢脚线与地面相接处的三角形截面条状装饰构件。

7.2 材 料

7.2.1 缸砖

即"红缸砖",用陶土为主要原料烧成的暗红色面砖。

7.2.2 水泥花砖

用水泥砂浆预制、具有一定造型,拼砌后具有观赏效果的饰面砖。

7.2.3 方砖

用于地坪铺饰的方形面砖。

7.3 工 艺

7.3.1 磨石子地面抛光

将草酸干粉、草酸溶液涂施在磨石子地面上,用磨石子机压麻袋磨擦地面草酸溶液,并用软布细擦表面,直至表面光亮的做法。

7.3.2 磨石子地面打蜡

用软布团将蜡涂施在磨石子地面上,并用打蜡机磨擦蜡层,将地面擦亮的做法。

7.3.3 磨石子地面砂磨

对磨石子地面用机器进行打磨的做法。

7.3.4 地板刨磨光

使用刨子对原木地板面层进行刨光、磨平的做法。

7.3.5 新做地搁栅

新做地垄木搁栅。

7.3.6 拆换地搁栅

拆除、更换严重损坏的地垄搁栅。

7.3.7 整修地搁栅

对存在变形的地垄搁栅进行矫正修理。

8 门窗工程、细木工程

8.1 基本名词

8.1.1 石库门

里弄房屋中,以条石作门框,实心厚木作门扇的建筑正大门。

8.1.2 三冒头木门

三根横框的木门。

8.1.3 四冒头木门

四根横框的木门。

8.1.4 五冒头木门

五根横框的木门。

8.1.5 企口板木门

采用企口板作为门板、冒头和斜撑的直板门。

8.1.6 满固门

采用暗冒暗梃,用三夹板或木屑板双面罩面的室内门。

8.1.7 落地长窗

用于分隔里弄房屋客堂和前天井空间、面对天井设置的充满整个客堂开间的长窗。

8.1.8 裙板

位于落地长窗下部的长方形木板,一般绘有彩画或雕刻有各种花纹。

8.1.9 摇梗窗

采用木摇梗、木臼或铁臼连接窗扇和窗框的窗户。

8.1.10　樘子

固定在洞口用于安装门或窗的框。

8.1.11　梃

门扇、窗扇两侧直立的构件。

8.1.12　冒

门窗扇横置的边框构件,分为上冒、中冒、下冒。

8.1.13　上槛

门窗樘子顶部的横向构件。

8.1.14　下槛

门窗樘子下部的横向构件。

8.1.15　拖水冒头

装在外墙木窗下冒头外侧,用于防止雨水进入室内的水平向、带滴水线的板条。

8.1.16　披水板

装在外墙钢窗下冒头外侧,用于防止雨水进入室内的钢板。

8.1.17　门窗套

在门窗洞口樘子的两个立边垂直装饰面。

8.1.18　筒子板

垂直门窗的、位于门窗樘子侧面的装饰板。

8.1.19　贴脸

即"贴面""门头线",为了遮盖门窗框与内墙面间缝口而安装的盖缝条。

8.1.20　木长闩

双扇石库门中的栓。

8.1.21　木横闩

位于木门背面用于控制木门开启或闭锁的横木。

8.1.22　铁扁担

石库门中控制门扇启闭的五金件。

8.1.23 活络百叶窗

可以通过改变百叶角度从而调节透光量的百叶窗。

8.1.24 活络棒

连接百叶，用于整体调整百叶角度的竖向木条。

8.1.25 铁曲尺

用于加固门窗梃、冒头端部等木构件节点的金属构件。

8.1.26 风钩

用于固定窗户开启或关闭状态的金属配件。

8.1.27 挂镜线

内墙面上部装置水平统长的狭木板，用于挂镜架等。

8.1.28 护墙板

即“墙裙”“壁板”，室内装饰中采用木板材制成，覆于墙面起到装饰和保护作用的构件。

8.2 工 艺

8.2.1 （门窗）整理

对存在变形、开关不便的门窗进行的用木楔校正、更换五金件、钉木塞等维修行为。

8.2.2 （门窗）拆装

拆除并重新安装门窗的做法。

8.2.3 接一梃

当门窗梃的上端或下端出现损坏时，对该木梃进行局部修接的做法。

8.2.4 换一梃

当门窗梃的上端或下端出现损坏时，对该木梃进行更换的做法。

8.2.5 换冒头

对木门窗框冒头予以修复和更换的做法。

8.2.6 梃拼阔

当门窗的梃与框出现较大缝隙时,在梃外侧拼钉木条以缩小梃与框的缝隙的做法。

8.2.7 换芯子

更换木窗损坏的木芯子。

8.2.8 冒头拼宽(垫宽)

木门窗冒头截面缺失严重、缝隙过大时,采用在冒头外侧钉木头进行拼宽处理的做法。

8.2.9 接门板

将石库门下部局部腐烂的木板进行局部锯换修接的做法。

8.2.10 接(换)盖缝条

拼接、修复或新换木板盖缝条的做法。

8.2.11 换木横闩

修复或更换木横闩的修缮做法。

8.2.12 换铁横插

更换铁横插的修缮做法。

8.2.13 塞樘子

即"塞口""嵌樘子",为了加强窗樘与墙的联系,在砌墙时先留出窗洞,后再安装窗樘的做法。

8.2.14 立樘子

砌墙时先立门窗樘子再砌墙的做法。

8.2.15 拼樘

对于较大的门窗洞口,由于洞口太大或者是窗户不适合做成一整樘,用拼樘料将窗洞口分割成若干个单樘窗的独立洞口的做法。

9 涂饰工程

9.1 基本名词

9.1.1 新墙面

墙体新粉刷墙面的面层。

9.1.2 旧墙面

墙体的原有粉刷面层。

9.1.3 裱糊（工程）

在室内平整光洁的墙面、顶棚面、柱体面和室内其他构件表面，用壁纸、墙布等材料裱糊的装饰工程。

9.1.4 裱糊基层

直接承受裱糊工程施工的墙壁面层。

9.2 材　料

9.2.1 生漆

未经加工的天然漆料。

9.2.2 熟漆

生漆经过日晒或低温烘烤，脱去部分天然水分后形成的漆料。

9.2.3 广漆

熟漆中加入熟桐油或苏子油等其他材料形成的漆料。

9.2.4 凡立水

即"清漆"，不含着色颜料的漆料。

9.2.5 调和漆

在清漆的基础上加入颜料制成的漆料。

9.2.6 蜡克漆

即"硝基清漆",是由硝化棉、醇酸树脂、增塑剂及有机溶剂调制而成的不含颜料的透明漆料。

9.2.7 防火漆

由成膜剂、阻燃剂、发泡剂等多种材料制造而成的阻燃涂料。

9.2.8 银粉漆

用银粉(铝粉等)加稀料搅拌后的涂料。

9.2.9 红丹

即"红丹漆",用红丹与干性油混合而成的防锈涂料。

9.2.10 出白药水

在油漆工程中用于对基层进行软化处理的化学药剂。

9.2.11 乳胶腻子

采用白乳胶(聚醋酸乙烯乳液)、滑石粉、石膏粉、纤维素等配合而成的,用于批刮基层,使墙面平整的底层涂料。

9.2.12 油性腻子

采用石膏粉、熟桐油、清漆(酚醛)、松节油等搭配调制而成的,用于填平原基层墙面上的钉眼等缺陷的涂饰工程底层涂料。

9.3 工 艺

9.3.1 新做(油漆工程)

铲除既有油漆,重新清理(出白)、刷底油、批嵌、打砂皮、抄油、复油的做法。

9.3.2 原粉起底

在粉刷工程的涂饰层修缮时,对原饰面层进行清理的处理方式。

9.3.3　(旧墙面)起底一般

原涂饰材料为水性涂料等,原涂层清理容易的情况。

9.3.4　(旧墙面)起底困难

墙面或平顶原有涂饰材料为油性涂料,原涂层清理比较困难或原为水性涂料,经过油烟等污染,原涂层清理比较困难的情况。

9.3.5　出白

油漆工程中对构件涂层进行清除的处理方法。

9.3.6　全出白

铲除门窗等构件的全部油漆,包括正面和侧面,以及门窗框料凹槽处。

9.3.7　半出白

铲除门窗等构件油漆起壳、脱落处和锈蚀处的油漆,以及门窗框正面油漆。

9.3.8　修出白

门窗等构件表面涂层基本完好,只有少量的油漆起壳,脱落和锈蚀需要铲清,而其他油漆完好部位无需铲除油漆。

9.3.9　敲铲出白

采用敲铲方式去除表面油漆的基层处理方式。

9.3.10　退漆出白

使用化学药剂去除表面油漆的基层处理方式。

9.3.11　原油冲出白

使用喷灯烘烤油性涂层,去除油漆涂膜层的基层处理方式。

9.3.12　润油粉

用钛白粉和颜料,再加熟桐油、松香水等混合成膏状,采用棉纱团或麻丝团沾上油粉,来回多次涂拭木材表面,将洞眼擦平的做法。

9.3.13　一底二度

刷一遍底漆做基层,再刷二遍相同面漆罩面的做法。

9.3.14 拉毛面

在墙面做了水泥砂浆之后进行拉毛处理,不刮腻子,直接喷涂料的墙面处理的做法。

9.3.15 粉光面

对墙面水泥砂浆进行抹灰、刮腻子、刷乳胶漆处理,形成表面光滑效果的墙面粉刷方式。

9.3.16 清水

使用不含着色物质的透明涂料,露出涂饰面的颜色与花纹的涂饰做法。

9.3.17 混水

使用含有颜料的不透明涂料,完全盖住涂饰面的颜色与花纹的涂饰做法。

9.3.18 汰树筋

用水色涂料,并用薄橡皮制成粗或细的锯齿形小块在物体面上划、拉、拌、漂、洒等技巧,做成各种木纹的图案或花纹的涂饰做法。

9.3.19 (木地板)烫硬蜡

为了保护木地板,使用熔化的热蜡进行嵌缝及表面处理的做法。

9.3.20 锦缎上浆

为使柔软的锦缎变得平整挺括、便于裁剪和裱贴上墙,在锦缎背面涂刷浆液的做法。

9.3.21 顺光搭接

壁纸、墙布等材料搭接时采取顺光线方向搭接以求美观的做法。

9.3.22 拼花

在裱糊工程中两块相邻材料拼接时,要求花纹和整体图案吻合的做法。

9.3.23 不拼花

在裱糊工程中,不要求两块材料拼缝处颜色一致、花纹对齐的做法。

10   电气工程

10.1   基本名词

10.1.1   竖向明管
楼层配线箱子(过路箱)之间上下连接的明装竖直管路。

10.1.2   横向明管
同一楼层内连接楼层配线箱、过路盒与每家住户之间的明装
水平管路。

10.1.3   过路箱(盒)
电气工程中为方便线路施工和维护而设置的箱(盒)体。

10.1.4   桥架
支撑、敷设电气线路的支架。

10.2   材   料

10.2.1   火表
即"电表"。

10.2.2   白料
安装于电表附近,防止电量过载引起事故的陶瓷配件。

10.2.3   保险丝
即"电熔丝",在电路中串联电阻率较大而熔点较低,当有过
大的电流通过时即熔断,自动切断电路起到保险作用的金属丝。

10.2.4   接线盒
连接电线管、容纳电线接头,起到过渡、分线和保护作用的方
形盒状电工辅料。

10.2.5 86 型开关

边长为 86mm 的方形电器开关。

10.2.6 电线管

穿用和保护电线的护套管。

10.2.7 塑料护口

在电线管口用于保护电线磨损的配件。

10.3 工 艺

10.3.1 明配

电线管在墙面、天棚等明面敷设。

10.3.2 暗配

电线管在地面垫层内、墙体内、顶板内随施工敷设。

10.3.3 明装开关

将开关装在墙外的做法。

10.3.4 暗装开关

将开关埋在墙里的做法。

11 水卫工程

11.0.1 消防接合器

连接消防车水泵与建筑物内已建成的消防设备的建筑配套消防设施。

11.0.2 喷淋水

即"消防喷淋头",消防喷淋系统的洒水喷头。

11.0.3 丝牙

即"螺纹"。

11.0.4 坑管

即"污水管"。

11.0.5 三通

即"管件三通"或"三通管件""三通接头",用在主管道要分支管处,改变流体方向的接头件。

11.0.6 弯头

改变管路方向的管件,按角度分为 45°弯头、90°弯头及 180°弯头等。

11.0.7 闷头

水管端部的封堵构件。

11.0.8 格林

在水表与水管连接时,用于调节金属水管与其他材料的非金属水管间距的连接配件。

11.0.9 油任

在水管连接时,用于调节相同管径水管间间距的连接配件。

11.0.10 卜申

在水管连接时,用于调节不同管径水管间间距的连接配件。

11.0.11　生料带

即"聚四氟乙烯带"，给排水工程中普遍使用在管道接头处的带状密封材料。

11.0.12　煨弯

通过加热的方式把直管加工成弯管的做法。

12 沟路工程

12.0.1 窨井

设置在排水管道的转弯、分支、跌落等节点处,便于检查、疏通用的竖向构件。

12.0.2 明沟

建筑外墙根部周边设置的排水沟。

12.0.3 十三号(沟头)

在明沟雨水管口处设置的带孔的预制排水构件,分为 9 孔大十三号和 5 孔小十三号。

12.0.4 茄里

在室外地坪中用于雨水排放的,用混凝土或铸铁等材料预制的带孔配件,其规格有 580mm×480mm 和 450mm×400mm 等。

12.0.5 路缘石

分隔车道与人行道或绿化带、分隔带的预制构件,包括侧石和平石。

12.0.6 侧石

即"立道牙""立缘石",竖向侧立的路缘石。

12.0.7 平石

铺砌在路面与侧石之间的平置路缘石。

本标准用词说明

1　为便于在执行本标准条文时区别对待,对要求严格程度不同的用词说明如下:

1）表示很严格,非这样做不可的用词:

正面词采用"必须";

反面词采用"严禁"。

2）表示严格,在正常情况下均应这样做的用词:

正面词采用"应";

反面词采用"不应"或"不得"。

3）表示允许稍有选择,在条件许可时首先应这样做的用词:

正面词采用"宜";

反面词用采用"不宜"。

4）表示有选择,在一定条件下可以这样做的用词,采用"可"。

2　条文中指明应按其他有关标准执行的写法为"应符合……的规定"或"应按……执行。"

引用标准名录

1　《民用建筑设计术语标准》GB/T 50504
2　《房地产业基本术语标准》JGJ/T 30

上海市工程建设规范

房屋修缮工程术语标准

DG/TJ 08－2288－2019
J 14922－2019

条 文 说 明

2020　上海

目　次

Contents

1 总 则

1.0.1 为了适应上海城市更新及房屋修缮改造的形势,更好地促进行业发展和技术进步,加强传统营造技术和工艺的传承,为房屋管理、房屋修缮改造以及相关科研工作提供必要的技术基础,编制出本标准。

2 基本术语

2.0.1 修缮工程项目可根据不同维度进行分类,根据修缮工程规模可将其分为小修、中修、大修及翻修;根据修缮工程对象及科目可将其分为成套改造、厨卫等综合改造和屋面及相关设施改造等。

2.0.9~2.0.12 成套改造、厨卫等综合改造、屋面及相关设施改造工程、平改坡工程可结合对房屋的结构、屋面、墙面、给排水等各类设施设备进行较全面的改造,切实解决房屋安全和使用功能问题。

2.0.16 新里包括后期石库门和新式里弄。一般具有卧室、客厅、餐厅、楼梯等,并有两套卫生间,带有较好的装修。

2.0.17 旧里包括老式石库门、广式石库门房屋。

2.0.22 天井为南方房屋结构中的组成部分,一般为单进或多进房屋中前后正间中,两边为前厢房包围,宽与正间同,进深与前厢房等长,因面积较小,状如深井,故名天井。

2.0.35 过街楼下为弄堂通道,起初过街楼均为木结构楼层,后由于防火需要,过街楼的楼板逐渐改为钢筋混凝土结构。

3 砌筑工程

3.1 基本名词

3.1.5 砖砌大放脚有等高式和间歇式两种砌法:等高式每二皮砖收一次,间歇式是二皮一收和一皮一收间隔进行。

3.1.6 地垄墙一般有简单基础;间距为 1500mm~2000mm,墙上宜开设通风孔以利地板通风。有些建筑中地垄墙用独立砖柱代替,柱顶架设短梁直接支托搁栅,对减少用料及通风、防腐有利。此外,钢筋混凝土地板为了减小构件跨度和减轻跨重量,亦有采用地垄墙的。

3.1.12 清水墙不需要外墙面装饰,砌砖质量要求高,灰浆饱满,砖缝规范美观;相对混水墙而言,其外观质量较高,而强度要求则是一样的。

3.1.13 清水墙平缝操作简便,勾成的墙面平整,不易剥落和积圬,防雨水的渗透作用较好,但墙面较为单调。

3.1.14 清水墙斜缝是把灰缝的上口压进墙面 3mm~4mm,下口与墙面平,使其成为斜面向上的缝。斜缝泄水方便,适用于外墙面和烟囱。

3.1.15 清水墙凹缝是将灰缝凹进墙面 5mm~8mm 的一种做法。勾凹缝的墙面有立体感,但容易导致雨水渗漏,而且耗工量大,一般宜用于气候干燥地区。

3.1.16 清水墙凸缝是在灰缝面做成一个矩形或半圆形的凸线,凸出墙面约 5mm。凸缝墙面线条明显、清晰,外观美丽,但施工工艺相对复杂。

3.1.21 空斗墙具有用料省、自重轻和隔热、隔声性能好等优点,适用于1～3层民用建筑的承重墙或框架建筑的填充墙,但其抗震性能存在欠缺,易造成事故。

4 木结构工程

4.1 基本名词

4.1.2 五柱落地做法为沿房屋的进深方向按檩树立一排柱,每柱上架一檩,檩上布椽,屋面荷载直接由檩传至柱;每排柱子靠穿透柱身的穿枋横向贯穿起来,成一榀构架。五柱落地为最常见的构架形式,也有四柱落地和七柱落地的做法。

4.1.24 上弦属于受压杆件,当桁条放在上弦节点之间时则上弦除受压外还存在弯矩及剪力。各节间的受力不均匀,一般情况下,越到下部,受力越大。因此,在配料制作时,把坚韧的一端放在下面,如是圆木则把大头朝下,梢头向上。

4.1.25 下弦属于受拉杆件,各节间的拉力是不均匀的,两端拉力较大。在配料制作时,应该把坚韧的放在两端。如在选用圆木对接做下弦时,要把好的大头部放在两端。此外,不论圆木或方木,弓势均应向上。

4.1.26 斜的腹杆在南方称"斜撑",在北方称"小杈"。屋架正中一根直的构件,南方称"中柱"或"中筒",北方称"立人"。两旁的竖杆,南方称"边筒",北方称"直杆"或"拉杆"。

4.1.27 槽齿联结的两构件中,必须有一根是受压构件,并且在它的端头刻齿,才能使齿与槽顶紧。如果端头刻齿的是受拉构件,就会是齿与槽分开,不能起到联结的作用。因此,槽齿联结应用在受压构件与其他构件联结的节点上,如豪式屋架上、下弦之间的联结及斜腹杆与弦杆之间的联结。

4.1.41 踏板要求耐磨,一般采用洋松或硬木。

4.1.42 踢板起遮挡作用,一般采用和踏步板同样的材料。

4.3 工 艺

4.3.3 拆摆木构件时,不得将原木构件拆卸后翻转安装,此种做法易造成木构件断裂。

5 屋面工程

5.1 基本名词

5.1.35 老虎窗是天窗的演变,天窗即屋顶窗,原用于平房上层通风采光。中式平房上层三角空间一般不住人,仅作为隔热层,一般用于堆放杂物。

5.2 材 料

5.2.1 平瓦瓦底有两个或者四个突起,突起中有细孔,需用铁丝穿过细孔,绑扎在挂瓦条上,以免滑落,或者被风吹动。

5.2.6 望板砖可阻挡瓦楞中漏下的雨水,防止透风落尘,并使室内的顶面外观平整美观。

7 楼地面工程

7.1 基本名词

7.1.7 踢脚线有两个作用:一是保护,遮盖楼地面与墙面的接缝,更好地使墙体和地面之间结合牢固,减少墙体变形,避免外力碰撞造成破坏;二是装饰,在居室设计中,腰线、踢脚线(踢脚板)起着视觉的平衡作用。

7.3 工 艺

7.3.1 磨石子地面抛光方法是在最后一遍磨石子工作完成后,认真用水将地面表面反复冲洗干净,做到无余浆残渣,再用干净揩布揩净表面,即可涂擦草酸干粉,若涂擦草酸溶液须待地面晾干 1h~2h 后进行。

草酸溶液配制以 1kg 草酸溶解于 3kg 水中,搅拌均匀后即可使用,其方法是用布蘸草酸溶液揩在地面上,用磨石子机压麻袋磨擦地面草酸溶液,再用软布细擦表面,直至表面光亮为止。涂擦草酸干粉是将草酸干粉身均匀撒在地面上,用与涂擦草酸溶液同样方法,将地面磨擦光亮。

7.3.2 磨石子地面打蜡方法为用软布团蘸上蜡,薄薄地均匀地涂揩在地面上,然后将地面擦亮,具体方法有两种:一是先用揩布团擦地面 2 遍~3 遍,然后用打蜡机将地面蜡擦出光亮,此方法适用于小面积地面;二是先用磨石子机压棕丝磨擦地面,然后用打蜡机磨擦地面蜡,此方法适用于大面积地面。打蜡时要注意将蜡层涂布均匀,自然养护 1d 后即可上人使用。

8 门窗工程、细木工程

8.1 基本名词

8.1.7 落地长窗安装在上槛与下槛之间,既有窗的功能也有门的功能。这种窗开之,人可出入、通风、采光;闭之,有采光、保温作用,且于居室内能赏室外美景。

8.1.12 "冒"又称"冒头",冒头的形状与木质门窗框两边的边框没有明显区别,均为方形。冒头两端是伸出边框的,一般伸出12cm左右。因此,在"冒头"一词中,"冒"意为"冒出",这个叫法在江、浙、沪地区较为流行。

8.1.18 当门窗框与内墙面平齐时,或在门窗使用筒子板时,常会在与墙面交接处出现明显的缝口,贴脸为了遮盖此缝口而装钉。

8.1.25 铁曲尺使用时需注意,若门窗梃端部腐朽,一般应予以换新,不建议采用铁曲尺加固;若门窗梃端部仅为冒头、榫头断裂,但不腐朽,则可采用安装铁曲尺的方式进行加固。

8.1.26 风钩连杆与固定板套接,与支撑杆轴接并有双连环套接,可方便地开启和关闭窗户,遇大风可自动关窗,使用安全,结构小巧,尤其适于双层窗的启闭和固定。

8.2 工 艺

8.2.15 拼樘料是指拼接两樘窗户的连接材料,是组合窗承受风载的重要构件。为确保组合门窗的使用安全,拼樘料必须与洞口连成一体。若洞口及埋件不预留或预留位置不正确,则会影响组合窗的安装质量。

9 涂饰工程

9.2 材 料

9.2.1 生漆内含水分较多,漆膜干燥快,光亮度较弱,多用于调漆灰及做底。做漆膜时,与熟漆按比例掺和使用。

9.3 工 艺

9.3.22 拼花工艺要求各幅壁纸拼接处的花纹和图案应吻合、不离缝、不搭接、不显拼缝。